BEI GRIN MACHT SICH IHR WISSEN BEZAHLT

- Wir veröffentlichen Ihre Hausarbeit, Bachelor- und Masterarbeit

- Ihr eigenes eBook und Buch - weltweit in allen wichtigen Shops

- Verdienen Sie an jedem Verkauf

Jetzt bei www.GRIN.com hochladen und kostenlos publizieren

Fabian Neumann

Das Prinzip der Radialgeschwindigkeitsmethode als Technik zur Entdeckung von extrasolaren Planeten

GRIN Verlag

Bibliografische Information der Deutschen Nationalbibliothek:

Die Deutsche Bibliothek verzeichnet diese Publikation in der Deutschen National-
bibliografie; detaillierte bibliografische Daten sind im Internet über http://dnb.d-
nb.de/ abrufbar.

Impressum:

Copyright © 2012 GRIN Verlag GmbH
Druck und Bindung: Books on Demand GmbH, Norderstedt Germany
ISBN: 978-3-656-17630-5

Fabian Neumann

Jahrgangsstufe Q1.2

Das Prinzip der Radialgeschwindigkeitsmethode als Technik zur Entdeckung von extrasolaren Planeten, unterstützt durch einen Versuch zur prinzipiellen Bestimmung von optischen Wellenlängen mithilfe eines optischen Gitters

GK Physik

Donnerstag, den 23.02.2012

0 Inhaltsverzeichnis

1 Einleitung

Seit der Ablösung des geozentrischen Weltbilds durch die heliozentrische Sichtweise und der Erkenntnis, dass unser Sonnensystem nur einen winzigen Ausschnitt des Universums darstellt, besteht für die Menschheit die Frage, ob es in den Weiten des Universums extraterrestrisches Leben gibt. Die Suche nach komplexem und hochentwickeltem Leben innerhalb unseres Sonnensystems blieb aber bis heute erfolglos, sodass die Antwort höchstwahrscheinlich nicht hier zu finden ist.

Beim Betrachten des Himmels in einer klaren Nacht, sind tausende helle Punkte zu erkennen, die nicht nur einfach Sterne, sondern ebenso Sonnen, wie die unsere sind. Warum sollte es dort also nicht auch irgendwo Planeten geben, vielleicht sogar Planeten, die in ihren Eigenschaften unserer Erde ähneln? Unter Astronomen wurde immerhin die Vermutung laut, dass „20 bis 30 % aller sonnenähnlichen Sterne Planeten besitzen [könnten]" (TITZ-WEIDER, 2009, S. 42).

Seit Mitte des 20. Jahrhunderts wird weltweit eine intensive Forschung auf der Suche nach extrasolaren Planeten betrieben, die bis in die 1990er Jahre auf ihre ersten Erfolge warten musste. Im Jahr 1995 wurde an der Universität Genfs der erste Exoplanet entdeckt, nachdem Astrophysiker eine ungewöhnliche Aktivität um den sonnenähnlichen Stern 51 Pegasi beobachtet hatten. Der zugehörige Planet Bellerophon – ein Held der griechischen Mythologie, der das fliegende Pferd Pegasus zähmte – umkreist seinen Stern in 4,2 Tagen im Abstand von 0,052 AE mit einer gebundenen Rotation (PIPER, 2010, S. 49).

Während der letzten zehn Jahre gab es einen nahezu „inflationären Zuwachs an Entdeckungen von Exoplaneten" (SCHOLZ, 2009). Im Februar 2012 zählen die Datenbanken der Enzyklopädie der extrasolaren Planeten 758 Exoplaneten in 608 verschiedenen Planetensystemen (SCHNEIDER, 2012). Oft sind die entdeckten Planeten massereich und bewegen sich auf sternnahen Bahnen, sodass ihre Oberfläche sehr heiß ist. Darüber hinaus sind viele dieser Exoplaneten eher mit Gasriesen, wie dem Jupiter vergleichbar und deutlich seltener als erdähnlich zu bezeichnen.

Doch wie findet man diese Planeten, wo sie sich doch in so großer Entfernung befinden? Mit der Zeit haben sich viele verschiedene Techniken entwickelt, von denen die meisten potentielle Planeten nur indirekt nachweisen können. Das heißt, dass die Exoplaneten nicht durch Teleskope optisch dargestellt werden, sondern dass deren Existenz durch die Beobachtung des Sterns und folgende Rückschlüsse bestätigt wird. Eine dieser Methoden ist die Radialgeschwindigkeitsmethode, mit der bisher die meisten extrasolaren Planeten aufgespürt wurden. Im folgenden Teil soll es darum gehen, das Prinzip der Radialgeschwindigkeitsmethode etwas genauer zu durchleuchten.

2 Hauptteil

2.1 Theorie

2.1.1 Definition eines Exoplaneten

Neben der Tatsache, dass Exoplaneten nicht zu unserem Sonnensystem gehören, sondern in einem anderen Planetensystem um einen anderen Stern kreisen, gelten für sie die gleichen Bestimmungen wie für die acht bekannten Planeten unseres Sonnensystems. Die Kriterien eines Planeten in unserem Sonnensystem werden also auch auf extrasolare Planeten angewandt:

> *„A planet is a celestial body that (a) is in orbit around the Sun, (b) has sufficient mass for its self-gravity to overcome rigid body forces so that it assumes a hydrostatic equilibrium (nearly round) shape, and (c) has cleared the neighbourhood around its orbit."* (INTERNATIONAL ASTRONOMICAL UNION, 2006)

Wichtig ist also, dass der Planet die Sonne direkt auf einer Ellipse umkreist und darüber hinaus ausreichend Masse besitzt, um durch seine Eigengravitation eine sphärische Form zu erlangen. Allerdings ist der Masse des Begleiters auch nach oben hin eine Grenze gesetzt, denn ab einer Masse von 8 Prozent der Sonnenmasse könnte es sich ebenso gut um einen weiteren Stern oder Braunen Zwerg handeln, da ab dieser Masse durch hohen Druck und hohe Temperaturen eine Kernfusion möglich ist. (WOLTMANN, 2008, S. 11)

2.1.2 Die Radialgeschwindigkeit

Obwohl es im Volksmund heißt, ein Planet werde von seinem Stern angezogen, entspricht dieser Glaube nicht ganz den physikalischen Grundsätzen. Nach dem Wechselwirkungsprinzip (*actio est reactio*), welches Isaac Newton in seinem dritten newton'schen Axiom formulierte, gilt, dass, wenn ein Körper A auf einen anderen Körper B eine Kraft ausübt, eine gleich große, aber entgegen gerichtete Kraft von Körper B auf Körper A wirkt. Auf das System Stern-Planet angewendet bedeutet dies, dass der Planet den Stern genauso wie der Stern den Planeten anzieht, wodurch auch der Stern minimal ins Wanken gerät. Beide Körper umkreisen daher einen gemeinsamen Schwerpunkt, das sogenannte Baryzentrum, wie es in *Abbildung 1* zu erkennen ist (PIPER, 2010, S. 56).

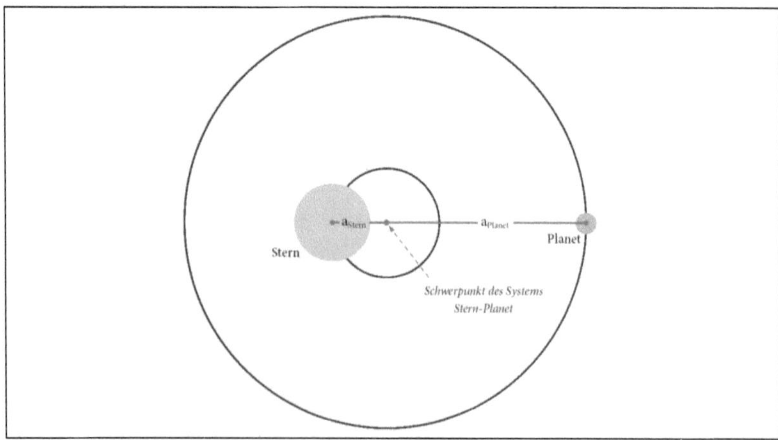

Abbildung 1: Das System Stern-Planet kreist um ein Baryzentrum (TITZ-WEIDER, 2009, S. 43)

Ein Stern, der einen Begleiter hat, rotiert also um das Baryzentrum. Infolgedessen bewegt sich der Stern abwechselnd auf den Beobachter zu und von ihm weg. Die Radialgeschwindigkeit v_r drückt eben diese Bewegung aus. Per Definition ist die Radialgeschwindigkeit v_r „die Geschwindigkeitskomponente eines Himmelskörpers in Richtung der Sichtlinie des Beobachters" (TAUBNER, 2006, S. 13).

2.1.3 Der optische Dopplereffekt

Um die Radialgeschwindigkeit eines Sterns zu bestimmen, wendet man das Prinzip des Dopplereffekts an. Wenn sich ein Stern einem Beobachter nähert, werden die vom Stern ausgesandten Lichtwellen zusammengestaucht, wodurch sich die Wellenlänge verkürzt, was wiederum eine Blauverschiebung im Spektrum hervorruft. Entfernt sich ein Stern von dem Beobachter, vergrößert sich die Wellenlänge und es findet eine Rotverschiebung statt, da nun die emittierten Lichtwellen gestreckt werden.

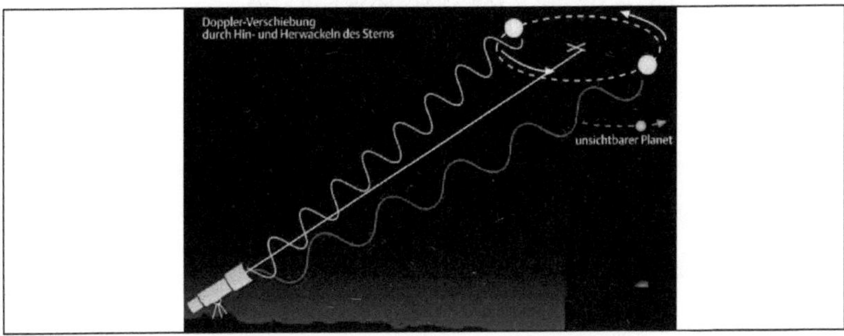

Abbildung 2: Veranschaulichung der Doppler-Verschiebung (SCHOPF & KOCHEM, 2008)

Der Dopplereffekt beschreibt also die Veränderung von Wellenlängen, abhängig davon, ob sich der Stern dem Betrachter nähert oder sich von ihm entfernt (PIPER, 2010, S. 56). In Form einer Formel wird diese Änderung folgendermaßen ausgedrückt:

$$\Delta\lambda = \frac{v_r \cdot \lambda}{c} \qquad (1)$$

λ: Wellenlänge; v_r: Radialgeschwindigkeit; c: Lichtgeschwindigkeit

2.1.4 Das Prinzip der Radialgeschwindigkeitsmethode

Untersucht man diese Wellenlängenänderungen über einen längeren Zeitraum hinweg und die Verschiebung der Spektrallinien bleibt dabei nicht konstant, sondern ändert sich periodisch, ist dies der erste Hinweis dafür, dass der beobachtete Stern von einem weiteren Planeten begleitet wird, obwohl dieser optisch nicht auflösbar ist (TAUBNER, 2006, S. 16). Weiterhin ist es realisierbar aus den gemessenen Wellenlängenänderungen die Radialgeschwindigkeit des Zielsterns zu errechnen, die dann in einem, wie in *Abbildung 3* dargestelltem, Diagramm ausgewertet werden kann.

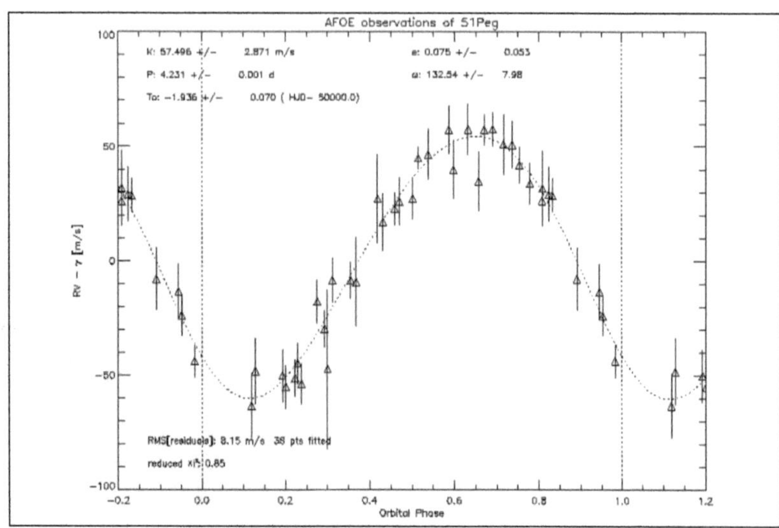

Abbildung 3: Radialgeschwindigkeitskurve von 51 Pegasi (SCHOLZ, 2009, S. 9)

Falls der Stern also einen Begleiter besitzt, treten in der Radialgeschwindigkeitskurve wiederholt dieselben Kurven auf, wobei die Grenzen dieser Kurven (*in Abbildung 3 an den Stellen 0.0 und 1.0 zu finden*) jeweils Anfang und Ende einer Umlaufphase kennzeichnen. Bei der Radialgeschwindigkeitsmethode wird schließlich diese zyklische Bewegung des Sterns analysiert, wodurch letztendlich ein Planet einer bestimmten Masse entdeckt werden kann.

2.1.5 Die Berechnung der Masse eines Exoplaneten

Durch die Messung der Radialgeschwindigkeit ist es nun möglich die Orbitparameter des Begleiters zu errechnen. Der Schwerpunktsatz legt für die weitere Berechnung die Basis dar:

$$M_p \cdot a_p = M_s \cdot a_s \tag{2.1}$$

$$M_p = \frac{M_s}{a_p} \cdot a_s \tag{2.2}$$

M_p: Masse des Planeten; a_p: große Halbachse des Planeten; M_s: Masse des Sterns; a_s: große Halbachse des Sterns

Der nach M_p umgestellte Schwerpunktsatz zeigt, dass die Masse des Exoplaneten von drei Größen abhängig ist: Den beiden großen Halbachsen und der Masse des Sterns, die durch die Klassifizierung des Sterns zu bestimmen ist. Nimmt man nun vereinfachend an, dass der Stern sich auf einer Kreisbahn um das Baryzentrum bewegt, so erhält man für die Geschwindigkeit und folglich für die große Halbachse des Sterns:

$$v_s = \frac{2\pi \cdot a_s}{T} \tag{3.1}$$

$$a_s = \frac{T \cdot v_s}{2\pi} \tag{3.2}$$

T: Umlaufzeit; v_s: Bahngeschwindigkeit des Sterns

Um nun die noch fehlende große Halbachse des Planeten zu bestimmen, wird das von Isaac Newton erweiterte 3. Kepler'sche Gesetz zu Hilfe genommen (MUGRAUER, 2003):

$$\left(a_s + a_p\right)^3 = \frac{G \cdot T^2 \cdot \left(M_s + M_p\right)}{4\pi^2} \tag{4.1}$$

G: Gravitationskonstante

Da die Masse des Planeten sehr klein gegenüber der Sternenmasse ist, ebenso wie die große Halbachse der Sternenbahn klein gegenüber der des Planeten sein muss, gelten folgende Näherungen (TITZ-WEIDER, 2009, S. 43):

$$M_s \gg M_p$$

$$a_s \ll a_p$$

Wendet man diese Näherung an, so ergibt sich aus dem 3. Kepler'schen Gesetz folgende Formel zur Bestimmung der großen Halbachse des Planeten:

$$a_p{}^3 = \frac{G \cdot T^2 \cdot M_s}{4\pi^2} \tag{4.2}$$

$$a_p = \sqrt[3]{\frac{G \cdot T^2 \cdot M_s}{4\pi^2}} \tag{4.3}$$

Führt man nun die bekannten Teilformeln im Schwerpunktsatz zusammen so ergibt sich für die Masse des Planeten:

$$M_p = v_s \cdot \sqrt[3]{\frac{M_s^2 \cdot T}{2\pi \cdot G}} \tag{5}$$

Rechnung: siehe Anhang 7.1.1

Betrachtet man nun die Einheitenrechnung der Formel für die Planetenmasse, um zu überprüfen, ob man eine Masse erhält, so ergibt sich richtigerweise:

$$[M_p] = kg$$

Rechnung: siehe Anhang 7.1.2

Um die Formel etwas übersichtlicher zu gestalten, ist es möglich sie folgendermaßen umzustellen, falls die große Halbachse des Planeten bereits bestimmt werden konnte:

$$M_p = v_s \cdot \sqrt{\frac{M_s \cdot a_p}{G}} \tag{6}$$

Beweis: siehe Anhang 7.2

Da jedoch davon ausgegangen wird, dass a_p unbekannt ist, wird im weiteren Verlauf der Facharbeit Formel (5) für M_p weiter Verwendung finden.

2.1.6 Der Inklinationswinkel

Wirft man einen Blick auf die hergeleitete Formel, so fällt auf, dass die tatsächliche Bahngeschwindigkeit des Sterns v_s unbekannt ist. Wenn man einen Stern überwacht, in der Hoffnung einen Exoplaneten zu entdecken, erhält man durch das Messen der periodischen Wellenlängenverschiebungen lediglich die Radialgeschwindigkeit v_r (TITZ-WEIDER, 2009, S. 43). Diese stimmt aber nur mit der realen Bahngeschwindigkeit überein, falls der Blick des Beobachters direkt auf die Kante der Bahnebene des Planeten gerichtet ist. Da aber die Planetenbahnen in allen möglichen Winkeln zum Beobachter liegen können – ohne dass dieser ihn bestimmen kann – ist die Amplitude der zyklischen Wellenlängenänderung durch den Dopplereffekt von der Lage der Bahn abhängig (SCHOLZ, 2009, S. 10).

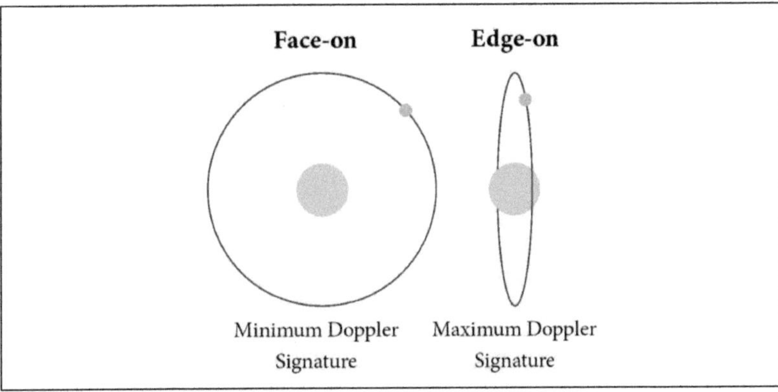

Abbildung 4: Unterschiedliche Bahnebenen (SCHOLZ, 2009, S. 10)

Bezüglich der Lage der Bahnebenen gibt es zwei Extremfälle, die der *Abbildung 4* zu entnehmen sind. Im Fall „Face-on" ist keine Wellenlängenverschiebung festzustellen, da der Stern sich nicht auf den Betrachter zu beziehungsweise weg bewegt, sondern ausschließlich seitliche Schwankungen auftreten. Im Gegensatz dazu liefert der Fall „Edge-on" den größtmöglichen Dopplereffekt, weil sich der Stern nun vor und zurück bewegt, was eine maximale Wellenlängenänderung verursacht.

Das heißt also, dass die aus der Wellenlängenverschiebung abgeleitete Radialgeschwindigkeit umso größer wird, desto mehr die Lage der Bahnebene dem Fall „Edge-on" gleicht. Je günstiger dieser Blickwinkel ist, desto einfacher ist es mit der Radialgeschwindigkeitsmethode einen extrasolaren Planeten zu entdecken.

Dieser Neigungswinkel wird in der Astronomie gewöhnlich als Inklinationswinkel *i* bezeichnet, mit dem man die gemessene Radialgeschwindigkeit und die unbekannte Bahngeschwindigkeit des Sterns in Bezug zueinander setzen kann.

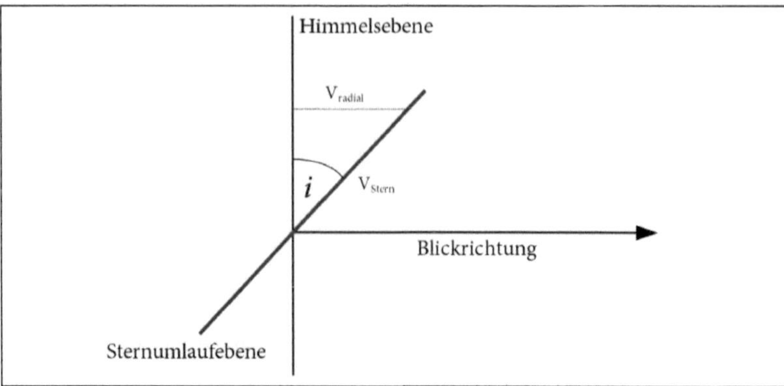

Abbildung 5: Definition des Inklinationswinkels (TAUBNER, 2007, S. 31)

Aus dem in *Abbildung 5* dargestellten Zusammenhang ergibt sich folgende Gleichung zur Bestimmung der Bahngeschwindigkeit v_s:

$$\sin i = \frac{v_r}{v_s} \tag{7.1}$$

$$v_s = \frac{v_r}{\sin i} \tag{7.2}$$

v_r: Radialgeschwindigkeit

Die bisherige Formel für die Masse des Exoplaneten gilt nur bei einem Inklinationswinkel von $i = 90°$ (SCHOLZ, 2009, S. 9). Mit der Erkenntnis aus (7.2) ist es möglich, die bisherige Gleichung zu erweitern. Fügt man Formel (7.2) in Gleichung (5) ein, so erhält man:

$$M_p = \frac{v_r}{\sin i} \cdot \sqrt[3]{\frac{M_s^2 \cdot T}{2\pi \cdot G}} \tag{8.1}$$

$$M_p \cdot \sin i = v_r \cdot \sqrt[3]{\frac{M_s^2 \cdot T}{2\pi \cdot G}} \tag{8.2}$$

Da der Inklinationswinkel von der Erde aus nicht feststellbar ist (TAUBNER, 2006, S. 18), ist i „gewöhnlich unbekannt, sodass nur eine minimale Massengrenze abgeleitet werden kann" (SCHOLZ, 2009, S. 9). Dieser Schlussfolgerung liegt der Sachverhalt zugrunde, dass der Faktor *sin(i)* im Intervall $]0;1[$ liegt, wenn $90° > i > 0°$ ist. Ist $i = 0°$ so wäre auch der Faktor *sin(i)* gleich null, sodass in dem Fall überhaupt keine Berechnung möglich ist.

Falls jedoch der Inklinationswinkel genau *90°* beträgt, so wäre auch der Faktor *sin(i) = 1*, sodass die errechnete Masse mit der tatsächlichen Masse des Exoplaneten übereinstimmt.

2.2 Versuch

2.2.1 Versuchsfrage

Die Frage, die sich für den folgenden Versuch stellt, ist, wie man prinzipiell die Wellenlänge einer Lichtquelle bestimmt. Dazu wird ein klassischer Versuch zur Wellenoptik mit einem optischen Gitter angewendet.

2.2.2 Versuchsaufbau

Um den Versuch durchzuführen, werden folgende Materialien benötigt: eine optische Bank, ein Laser, optische Gitter mit verschiedenen Gitterkonstanten, ein Maßband und ein Schirm, der gegebenenfalls auch durch eine einfache Wand ersetzt werden kann.

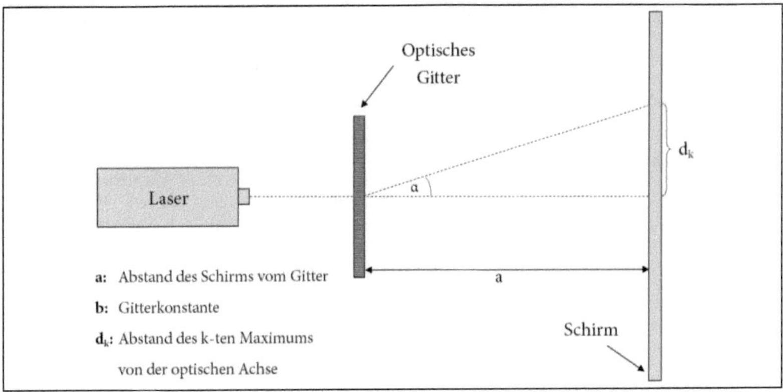

Abbildung 6: Versuchsaufbau von oben betrachtet

Sowohl der Laser, als auch die Halterung für die diagroßen optischen Gitter werden auf der optischen Bank montiert. Es ist auf eine waagerechte Position der optischen Bank zu achten, damit die Entfernung vom optischen Gitter zum Schirm einfach mit dem Maßband zu messen ist. Hilfreich ist es zudem, vor der Versuchsdurchführung zu testen, ob die Interferenzerscheinungen auf der Größe des Schirms erkennbar und somit messbar sind.

2.2.3 Versuchsdurchführung

Die Durchführung des Versuchs erfolgt in drei verschiedenen Schritten, um die Auswirkungen von a, b und k auf d_k zu untersuchen. Während zwei dieser drei Parameter innerhalb einer Messreihe konstant gehalten werden, wird der zu untersuchende schrittweise verändert. Bei jedem Schritt wird der absolute Abstand d_k des k-ten Maximums von der optischen Achse mithilfe des Maßbands gemessen.

2.2.4 Versuchsbeobachtungen

Schaltet man den Laser ein, dessen Licht das optische Gitter durchläuft, so sind auf dem Schirm nicht nur ein „Laserpunkt" sondern gleich mehrere seitlich davon zu erkennen (vgl. Abbildung 7).

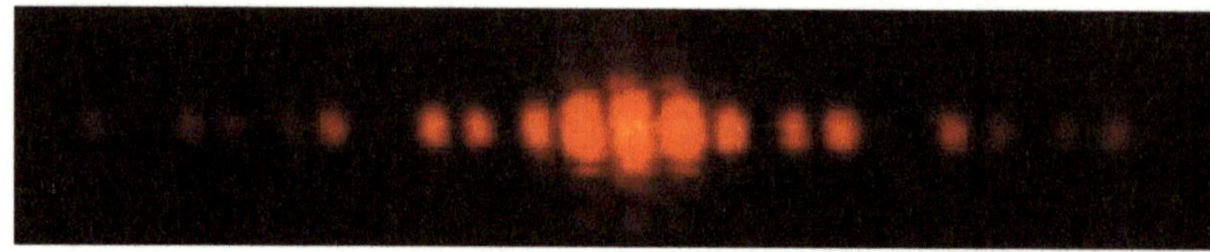

Abbildung 7: beobachtete Laserinterferenz (Leitner, Finckh, & Fritsche, 2006)

Das entstandene Interferenzbild auf dem Schirm verändert sich, wenn die Parameter a, b oder k verändert werden. Der Abstand zur optischen Achse d_k ist umso größer,

1. desto höher die Ordnungszahl k eines Maximums ist,

2. desto größer der Abstand des Schirms vom optischen Gitter a wird und

3. desto kleiner die Gitterkonstante b ist. *(siehe Anhang 0)*

2.2.5 Versuchsauswertung

Ziel der Versuchsreihe war es, die Wellenlänge des Laserlichts prinzipiell zu bestimmen. Dazu wird zunächst folgende Formel für die Wellenlänge benötigt (Leitner, Finckh, & Fritsche, 2006):

$$\lambda = \frac{b * d_k}{k * \sqrt{a^2 + d_k{}^2}} \tag{9}$$

b: Gitterkonstante; k: Ordnungszahl des Maximums; a: Abstand Gitter-Schirm; Herleitung: siehe Anhang 7.4

Berechnet man nun die Wellenlänge für die verschiedenen Messreihen *(vgl. Anhang 0)* so erhält man für das Laserlicht eine durchschnittliche Wellenlänge von:

$$\lambda \approx 6{,}54 \cdot 10^{-7}m \approx 654\,nm$$

Im Rückbezug auf die eigentliche Zielsetzung, herauszufinden, wie man aus der periodisch auftretenden Wellenverschiebung, die Radialgeschwindigkeit errechnen kann, ist es durch die Bestimmung der Wellenlänge nun möglich, aus der Formel **(1)** des Dopplereffekts die Radialgeschwindigkeit abzuleiten:

$$v_r = \frac{\Delta\lambda \cdot c}{\lambda} \tag{10}$$

v_r: Radialgeschwindigkeit; $\Delta\lambda$: Wellenlängenänderung; λ: Wellenlänge; c: Lichtgeschwindigkeit

2.2.6 Fehlerquellenanalyse

Da die berechneten Wellenlängen des Lasers nicht immer genau mit den angegebenen Werten übereinstimmen, stellt sich die Frage, welche Fehler bei der Versuchsdurchführung aufgetreten sein könnten. Zum einen könnte die optische Bank nicht waagerecht aufgestellt worden sein, sodass die vom Boden gemessene Entfernung zur Wand zu kurz war. Zum anderen ist es auch möglich, dass das Maßband nicht genau angelegt, beziehungsweise die Apparatur nicht präzise aufgestellt wurde. Weiterhin ist in Betracht zu ziehen, dass der Laser eventuell nicht senkrecht zum Schirm stand, wodurch die Messung verfälscht würde.

2.3 Beispielhafte Bestimmung einer Exoplaneten-Masse

2.3.1 51 Pegasi - Gegebene Größen

Damit die erarbeitete Formel zur Bestimmung der Exoplaneten-Masse nicht unangewendet bleibt, wird im Folgenden beispielhaft die Masse des ersten Exoplaneten 51 Pegasi b, der den Stern 51 Pegasi umkreist, errechnet. Zur Berechnung werden die in *Abbildung 8* aufgelisteten Werte verwendet.

gegebene Größe	gegebene Einheit	Standardeinheit
Umlaufzeit T	4,23078 d	365539,4 s
Radialgeschwindigkeit v_r	31,2 km/s	31200 m/s
Sternenmasse M_{Stern}	$1,06 \cdot M_{Sonne}$	$2,108 \cdot 10^{30}$ kg
Planetenmasse M_{Planet}	$0,46 \cdot M_{Jupiter}$	$8,735 \cdot 10^{26}$ kg
Gravitationskonstante	$6,674 \cdot 10^{-11}$ m^3 kg^{-1} s^{-2}	

Abbildung 8: Zur Berechnung benötigte Größen (SCHNEIDER, 2012); (CDS, 2012)

2.3.2 Rechnung

Zur Bestimmung der Masse eines möglichen Exoplaneten bei unbekanntem Inklinationswinkel i gilt folgende Formel:

$$M_p \cdot \sin i = v_r \cdot \sqrt[3]{\frac{M_s^2 \cdot T}{2\pi \cdot G}} \qquad (8.2)$$

Setzt man die bekannten Größen aus *2.3.1* in die vorliegende Gleichung ein, so erhält man folgende Gleichung:

$$M_p \cdot \sin i = 31200 \, \frac{m}{s} \cdot \sqrt[3]{\frac{(2{,}108 \cdot 10^{30} \cdot kg)^2 \cdot 365539{,}4 \cdot s \cdot kg \cdot s^2}{2\pi \cdot 6{,}674 \cdot 10^{-11} \cdot m^3}}$$

$$M_p \cdot \sin i \approx 4{,}908 \cdot 10^{25} \cdot \frac{m}{s} \cdot \sqrt[3]{\frac{kg^3 \cdot s^3}{m^3}}$$

$$M_p \cdot \sin i \approx 4{,}908 \cdot 10^{25} \, kg$$

2.3.3 Deutung des Resultats

Bei dem errechneten Ergebnis wird deutlich, dass durch die Formel lediglich eine Mindestmasse berechnet werden kann. Die durch weitere Methoden heute nachgewiesene Masse des Planeten 51 Pegasi b beträgt $8{,}735 \cdot 10^{26}$ kg, was deutlich höher ist, als die hier bestimmte. Dies deutet auf einen besonders kleinen Inklinationswinkel hin. Wertet man den Literaturwert der Masse von 51 Pegasi b als korrekt, so erhält man einen Inklinationswinkel i von:

$$i = 3{,}2°$$

i: Inklinationswinkel; Rechnung: siehe Anhang 7.3

3   Fazit zur Realisierbarkeit

Auf der Suche nach Exoplaneten stoßen Wissenschaftler auf einige Schwierigkeiten. So ist der enorme Helligkeitsunterschied zwischen einem selbstleuchtenden Stern und seinem lediglich reflektierenden Planeten eine große Hürde: Die Bemühung einen extrasolaren Planeten zu entdecken ist so, „als ob man versucht, das schwache Licht einer Kerze neben einem Leuchtturm aus 1000 km Entfernung zu sehen" (PIPER, 2010, S. 55).

Die Radialgeschwindigkeitsmethode hat sich unter den Methoden der indirekten Beobachtung bisher als sehr erfolgreich erwiesen. Ein Großteil der heute bekannten Exoplaneten wurde mithilfe der Radialgeschwindigkeitsmethode entdeckt, da die Ausbreitung elektromagnetischer Wellen im Prinzip entfernungsunabhängig ist. Dennoch gibt es auch bei dieser Methode einige Einschränkungen, die zu bedenken sind. Das Aufspüren erdähnlicher Planeten erweist sich als schwierig, da deren Massen sehr gering sind, wodurch die Radialgeschwindigkeitsamplitude sehr klein ist. Darüber hinaus können lange Umlaufzeiten auf stark elliptischen Bahnen eine Untersuchung in die Länge ziehen. Weiterhin ist zu beachten, dass auch die Erde sich ständig in Bewegung befindet, was genauso wie Sonnenflecken auf dem beobachteten Stern, die Messung beeinflussen kann.

Der Neutralisation dieser Schwierigkeiten sind jedoch instrumentelle Grenzen gesetzt, sodass es schwierig sein wird, in Zukunft erdähnliche Planeten mithilfe der Radialgeschwindigkeitsmethode nachzuweisen. Nichtsdestotrotz ist diese Technik zur Entdeckung von Exoplaneten als wichtig anzusehen, da durch sie erstmals bewiesen wurde, dass Planetensysteme auch außerhalb unseres eigenen Sonnensystems entstehen konnten. Und es ist nicht auszuschließen, dass diese Methode durch technologischen Fortschritt weiterhin verbessert werden kann, wodurch vielleicht auch einst Planeten entdeckt werden können, die der Erde ähnlich sind.

4   Eigenständigkeitserklärung

Hiermit erkläre ich, dass ich die vorliegende Arbeit selbstständig und ohne fremde Hilfe verfasst und keine anderen als die im Literaturverzeichnis angegebenen Hilfsmittel verwendet habe.

Insbesondere versichere ich, dass ich alle wörtlichen und sinngemäßen Übernahmen aus anderen Werken als solche kenntlich gemacht habe.

Datum: _____________________________   Unterschrift: _______________________________

5 Literaturverzeichnis

CDS. (2012). *SIMBAD*. Abgerufen am 03. 02 2012 von Centre de Données astronomiques de Strasbourg: http://simbad.u-strasbg.fr/simbad/sim-id?Ident=%401472090&Name=*++51+Peg&submit=display+all+measurements#lab_meas

International Astronomical Union. (August 2006). *Resolution B5 - Definition of a Planet in the Solar System*. Abgerufen am 5. Februar 2012 von http://www.iau.org/static/resolutions/Resolution_GA26-5-6.pdf

Leitner, E., Finckh, U., & Fritsche, F. (2006). *Doppelspaltversuch - Grundaufbau*. Abgerufen am 18. 01 2012 von LEIFI-Physik: http://www.leifiphysik.de/web_ph11_g8/versuche/14doppelspalt/schulexperiment/grundaufbau.htm

Leitner, E., Finckh, U., & Fritsche, F. (2006). *Interferenz am Gitter*. Abgerufen am 18. 01 2012 von LEIFI Physik: http://www.leifiphysik.de/web_ph11_g8/grundwissen/14gitter/gitter.htm

Mugrauer, M. (13. 02 2003). *Radialgeschwindigkeit*. (Astrophysikalische Institut und Universitäts-Sternwarte) Abgerufen am 29. 12 2011 von Kompetenzzentrum – Extrasolare Planeten: http://www.astro.uni-jena.de/EXO/radvel/radvel.pdf

Piper, S. (2010). Die Techniken für die Jagd nach Exoplaneten. In *Exoplaneten - Die Suche nach einer zweiten Erde* (S. 47-63). Hamm, Deutschland: Springer.

Schneider, J. (04. Februar 2012). *Die Enzyklopädie der extrasolaren Planeten*. (H. Deeg, Übers.) Paris Observatory. Abgerufen am 04. Februar 2012 von http://exoplanet.eu/catalog-all.php

Scholz, M. (2009). Extrasolare Planetensysteme. In *Kleines Lehrbuch der Astronomie und Astrophysik* (Bd. 11, S. 1-11). Abgerufen am 17. Januar 2012 von http://www.astronomie.de/uploads/media/Kleines_Lehrbuch_der_Astronomie_und_Astrophysik_Band_11.pdf

Schopf, M.-K., & Kochem, K. (2008). *Planeten und deren Entstehung.* Abgerufen am 23. 12 2011 von Uni Bonn: http://www.astro.uni-bonn.de/~deboer/eida/eida-plan.html

Taubner, R.-S. (02 2006). *Extrasolare Planeten um sonnenähnliche Sterne.* Abgerufen am 18. 01 2012 von Plus Lucis: http://pluslucis.univie.ac.at/FBA/FBA06/Taubner_06.pdf

Taubner, R.-S. (18. 04 2007). *Die Nadelsuche im Heuhaufen - Wie findet man extrasolare Planeten bei sonnenähnlichen Sternen?* (Verein zur Förderung des Physikalischen und Chemischen Unterrichts) Abgerufen am 19. 01 2012 von Plus Lucis: http://pluslucis.univie.ac.at/PlusLucis/071/s3132.pdf

Titz-Weider, R. (2009). Planeten bei fernen Sonnen. In T. Bührke, & R. Wengenmayr (Hrsg.), *Geheimnisvoller Kosmos - Astrophysik und Kosmologie im 21. Jahrhundert* (S. 42-50). Weinheim, Deutschland: WILEY-VCH.

Woltmann, R. (14. 11 2008). *Exo-Planeten, was ist das?* (K. P. Astro-Stammtisch, Hrsg.) Ilsede. Abgerufen am 30. 12 2011 von http://www.astro-stammtisch.org/wp-content/uploads/2011/05/Exoplaneten-was_ist_das.pdf

6 Abbildungsverzeichnis

7 Anhang

7.1 Nachweis für Formeln - A

7.1.1 Herleitung

$$M_p = \frac{M_s}{a_p} \cdot a_s$$

$$M_p = \frac{M_s \cdot \dfrac{T \cdot v_s}{2\pi}}{\sqrt[3]{\dfrac{G \cdot T^2 \cdot M_s}{4\pi^2}}}$$

$$M_p{}^3 = \frac{M_s{}^3 \cdot 4\pi^2 \cdot T^3 \cdot v_s{}^3}{G \cdot T^2 \cdot M_s \cdot 8\pi^3}$$

$$M_p{}^3 = \frac{M_s{}^2 \cdot T \cdot v_s{}^3}{G \cdot 2\pi}$$

$$M_p{}^3 = v_s{}^3 \cdot \frac{M_s{}^2 \cdot T}{2\pi \cdot G}$$

$$M_p = v_s \cdot \sqrt[3]{\frac{M_s{}^2 \cdot T}{2\pi \cdot G}}$$

$$[M_p] = \frac{m}{s} \cdot \sqrt[3]{\frac{kg^2 \cdot s \cdot kg \cdot s^2}{m^3}}$$

$$[M_p] = \frac{m}{s} \cdot \sqrt[3]{\frac{kg^3 \cdot s^3}{m^3}}$$

$$[M_p] = \frac{m}{s} \cdot \frac{kg \cdot s}{m}$$

$$[M_p] = kg$$

7.2   Nachweis für Formeln - B

$$v_r \cdot \sqrt{\frac{M_s \cdot a_p}{G}} = v_r \cdot \sqrt[3]{\frac{M_s^2 \cdot T}{2\pi \cdot G}}$$

$$\sqrt{\frac{M_s \cdot a_p}{G}} = \sqrt[3]{\frac{M_s^2 \cdot T}{2\pi \cdot G}}$$

$$\frac{M_s \cdot \sqrt[3]{\frac{G \cdot T^2 \cdot M_s}{4\pi^2}}}{G} = \left(\sqrt[3]{\frac{M_s^2 \cdot T}{2\pi \cdot G}} \right)^2$$

$$\frac{M_s^3 \cdot G \cdot T^2 \cdot M_s}{G^3 \cdot 4\pi^2} = \left(\frac{M_s^2 \cdot T}{2\pi \cdot G} \right)^2$$

$$\frac{M_s^4 \cdot G \cdot T^2}{G^3 \cdot 4\pi^2} = \frac{M_s^4 \cdot T^2}{4\pi^2 \cdot G^2}$$

$$\frac{M_s^4 \cdot T^2}{4\pi^2 \cdot G^2} = \frac{M_s^4 \cdot T^2}{4\pi^2 \cdot G^2}$$

$$1 = 1$$

$$q.e.d.$$

7.3 Inklinationswinkel von 51 Pegasi b

$$M_{p_{Lit}} \cdot \sin i = M_p$$

$$i = \sin^{-1}\left(\frac{M_p}{M_{p_{Lit}}}\right)$$

$$i = \sin^{-1}\left(\frac{4{,}908 \cdot 10^{25} kg}{87{,}35 \cdot 10^{25} kg}\right)$$

$$i \approx 3{,}2°$$

7.4 Formel zur Wellenlängenbestimmung

$$\sin \alpha_k = \frac{k * \lambda}{g} \qquad 1.1$$

$$\lambda = \frac{g * \sin \alpha_k}{k} \qquad 1.2$$

$$\tan \alpha_k = \frac{d_k}{a} \qquad 2.1$$

$$\sin a_k = \frac{\tan a_k}{\sqrt{1+(\tan a_k)^2}} \qquad 3.1$$

$$(2.1 \text{ in } 3.1) \text{ in } 1.2$$

$$\lambda = \frac{b}{k} * \frac{\frac{d_k}{a}}{\sqrt{1+(\frac{d_k}{a})^2}} \qquad 4.1$$

$$\lambda = \frac{b * d_k}{k * \sqrt{a^2 + d_k^2}} \qquad 4.2$$

7.5 Versuchsauswertung – Excel

Messreihe 1 (d-k)		
a (m)	5,40	5,40
b (mm)	0,1	0,1
k	1	2
d (m)	0,035	0,070
d/k	0,035	0,035
λ	6,481E-07	6,481E-07

Messreihe 2 (d-a)			
a (m)	5,40	5,00	4,80
b (mm)	0,00167	0,00167	0,00167
k	1	1	1
d (m)	2,40	2,10	2,02
d/a	0,444	0,420	0,421
λ	6,769E-07	6,454E-07	6,465E-07

Messreihe 3 (d-b)			
a (m)	5,40	5,40	5,40
b (mm)	0,10000	0,00175	0,00167
k	1	1	1
d (m)	0,035	2,10	2,40
d/b	0,3500	1197	1440
d*b	0,0035	0,0036842	0,004
λ	6,481E-07	6,359E-07	6,769E-07

$\varnothing \lambda$	6,54E-07	654
$[\lambda]$	m	nm